ANALISE.

ANALISE

DE

L'EAU MINÉRALE

DE LA FONTAINE

DE SAINTE-MAGDELAINE

DE FLOURENS;

PRÈS DE TOULOUSE;

CONNUE SOUS LE NOM DE FONT ROUGE;

OU FONTAINE ROUGE;

PAR Mr. G. MAGNES jeune,

Pharmacien de l'école spéciale de Paris, ex-pharmacien des hôpitaux civils et militaires, etc.

A TOULOUSE;

Chez Tislet, Imprimeur, rue Boulbonne, n°. 31.

1821.

ANALISE

DE L'EAU MINÉRALE

DE LA FONTAINE

DE SAINTE-MAGDELAINE

DE FLOURENS.

Exposé

Des propriétés physiques de l'eau.

LA fontaine Rouge (1) de Sainte-Magdelaine
de Flourens est située dans un joli petit vallon,
à une lieue et un quart de la ville de Toulouse.
La partie inférieure du bassin est toujours
d'une couleur ocracée ; sa source principale

---

(1) Ce nom est le plus bel éloge qu'on puisse faire de cette
eau minérale : la couleur rouge qui la caractérise, est occa-
sionnée par une grande quantité de fer qui se précipite par le
dégagement de l'acide carbonique qui est en contact avec
l'atmosphère. Puisée au dessous de son niveau, l'eau sera non-
seulement pourvue de tous ses principes constituans, mais ses
propriétés seront encore augmentées par une partie du fer qui
se précipite de sa surface, et dont il reste toujours quelque partie
en suspension.

est sur la partie latérale inférieure du bassin, du côté du levant; elle est éloignée de toute rivière et de tout ruisseau; sa profondeur est de plusieurs toises, sa largeur est de trois toises. La source est assez abondante.

La température de l'eau, le 13 Août 1821, à six heures et demie du matin, marquait douze degrés; celle de l'atmosphère, à l'ombre, à la même heure, marquait dix degrés un quart. (1)

Le même jour, à deux heures de l'après-midi, la température de l'atmosphère marquait dix-huit degrés un quart; celle de l'eau marquait quatorze degrés.

Le même jour, à sept heures du soir, la température de l'atmosphère marquait quinze degrés trois quarts; celle de l'eau minérale marquait treize degrés trois quarts.

La pesanteur spécifique de l'eau minérale est la même que celle de l'eau distillée. (2)

Cette eau est toujours claire prise au sortir de la source; peu d'instans après elle se trouble. Elle a une odeur et un goût ferrugineux très-pro-

---

(1) Je me suis servi du thermomètre de Réaumur à tube extérieur.

(2) C'est une preuve incontestable que cette eau contient un corps gazeux, puisque malgré les sels qu'elle renferme, elle n'est pas plus pesante que l'eau distillée.

noncés ; elle perd de ses propriétés peu de
jours après qu'elle a été puisée à la source, (1)
si elle n'est soigneusement conservée.

Examen de l'eau avant l'ébullition , par les
réactifs. (2)

La teinture alkoolique de noix de galle a
d'abord donné une couleur violette. L'action
de ce réactif, favorisée par la chaleur, a déve-

---

(1) Pour conserver cette eau avec le moins de perte possible
de ses principes, il faudrait fermer les vases , dans lesquels on
la recevrait, avec des bouchons de liége très-battus et trempés
dans de la cire ; par ce moyen le fer ne pourrait se combiner
avec l'acide gallique du liége, et l'élasticité que le bouchon
aurait acquise par la percussion, s'opposerait au dégagement
du gaz ; il faudrait se servir de vases de grès qui, résistant plus
fortement à la force expansible de l'acide, et étant très-mau-
vais conducteurs du calorique, entretiendraient la fraîcheur de
l'eau qui dès-lors, aurait moins de tendance à laisser échapper
ses principes volatils.

Pour ne pas être assujetti à tremper les bouchons dans la
cire fondue, on pourra user des moyens auxquels ont recours les
propriétaires de l'établissement des eaux minérales artificielles
du Gros-caillou. Ces savans chimistes ont la précaution de
faire tremper les bouchons dans de l'eau semblable à celle qui
doit être bouchée.

(2) Les réactifs ont tous agi sur une même masse de liquide,
auprès du bassin que je fis vider et creuser légèrement devant
moi, pour être sûr que l'eau ne tiendrait aucun corps étranger en
suspension. Je fis pratiquer un creux assez profond dans la fontaine pour qu'il pût recevoir un flacon garni d'un entonnoir,
muni d'un filtre qui ne recevait pas plus d'eau qu'il ne pouvait
en laisser filtrer ; c'est sur cette eau filtrée que j'ai opéré.

loppé instantanément une couleur de lie de vin très-prononcée.

Le nitrate d'argent a produit un précipité caillebotté d'un blanc sale qui, exposé à la lumière, est devenu bleu et ensuite plus foncé. (1)

Le nitrate de mercure, fait à froid, a produit instantanément un précipité blanc considérable, *qui a resté toujours blanc.*

L'ammoniaque a produit un précipité blanc nébuleux; un excès d'ammoniaque n'a point développé de couleur bleue.

Le muriate de barithe n'a produit aucun précipité, du moins appréciable.

Le prussiate de potasse et le prussiate de chaux, ont développé une légère couleur bleue qui a augmenté considérablement par l'addition d'une goutte d'acide muriatique. (2)

L'eau de chaux a donné un précipité blanc roussâtre très-considérable, soluble avec effervescence dans l'acide muriatique.

---

(1) Afin que le nitrate d'argent ne fût point précipité par les carbonates terreux, j'avais empêché l'action de ces sels sur ce nitrate, en les saturant préalablement de quelques gouttes d'acide nitrique.

(2) Pour m'assurer de la fidélité des réactifs, j'ai versé dans deux gros d'eau distillée, six gouttes de solution de prussiate de chaux et deux gouttes d'acide muriatique; je n'ai obtenu aucune couleur.

La même expérience ayant été faite sur l'eau minérale, il s'est développé instantanément une couleur bleue superbe.

L'acide sulfurique a rendu l'eau très-transparente.

La teinture de tournesol a été sensiblement rougie. (1)

La solution aqueuse d'oxide d'arsenic, n'a donné aucun changement de nuance.

L'eau de savon a été blanchie sans donner de précipité.

Le sirop de violettes a été verdi.

L'acide oxalique a donné un précipité considérable.

Le sulfate de fer récemment dissous, a produit, après douze heures d'action, quoique le flacon fût plein, un précipité jaune clair. (2)

Examen de l'eau, après l'ébullition, par les réactifs. (3)

La teinture alkoolique de noix de galle n'a rien produit, pas même après plusieurs jours

(1) La couleur primitive du tournesol est rouge ; elle ne doit sa couleur bleue qu'à la présence de l'alkali, auquel le tournesol se trouve mêlé. L'action des acides sur la teinture, lui rend sa couleur en se combinant avec les alkalis.

(2) Tous les phénomènes qu'ont produits les réactifs, ont eu lieu instantanément par leur mélange avec l'eau minérale. Après plusieurs jours d'action, les résultats ont été absolument les mêmes.

(3) J'ai fait bouillir quatre livres d'eau minérale dans un appareil distillatoire, disposé comme suit :

A une cornue tubulée placée sur un bain de sable, a été adapté un tube recourbé qui allait se réunir à un flacon à deux

d'action, ni même par l'effet du calorique.
L'ammoniaque a produit quelques nuages,
mais presque insensibles d'abord.

Les prussiates n'ont rien produit.

---

tubulures. Dans ce flacon n'était aucune espèce de liquide ; ce
premier flacon communiquait à un second à trois tubulures,
rempli aux cinq sixièmes d'eau de chaux récemment préparée.
Ce flacon était muni d'un tube de sûreté ; à ce second flacon en
était adapté un troisième à moitié plein d'eau de chaux, instantanément préparée et filtrée. Avant d'ajouter l'eau minérale
dans la cornue, j'en ai fait le vide en l'échauffant assez pour
en dégager l'air atmosphérique ; le vide du premier flacon avait
été aussi opéré. Aucun dégagement ne se manifestant dans les
flacons contenant l'eau de chaux, les quatre livres d'eau minérale ont été introduites dans la cornue : j'avais mesuré le volume
de l'eau dans un vase convenable. Les choses ainsi disposées,
j'ai procédé à l'évaporation du gaz. J'ai entretenu la chaleur à
soixante-seize degrés ; un dégagement lent mais très-soutenu
s'est manifesté. Le feu a été le même jusqu'à cessation de dégagement ; dès-lors j'ai fait bouillir le liquide *une seconde seulement*, tout aussitôt le feu a été éteint.

Le premier flacon vide n'avait été adapté à l'appareil que
dans le cas où quelques gouttes de l'eau se fussent dégagées
par l'action de la chaleur ; après m'être assuré que cet effet
n'avait pas eu lieu, j'ai échauffé ce flacon pour en chasser l'acide
carbonique qui aurait pu en occuper l'espace ; il s'en est effecti-
vement dégagé quelques bulles. Lorsque le dégagement a cessé,
j'ai démonté l'appareil ; j'ai versé le liquide de la cornue dans
le vase qui l'avait contenu précédemment, et j'ai vu que le volume,
qu'occupait le gaz dans l'eau que j'avais soumise à la chaleur,
formait le trentième du volume de cette eau. La quantité du carbonate de chaux obtenue et formée par la combinaison de l'acide
dégagé avec l'eau de chaux, m'a prouvé que deux livres métriques d'eau minérale, contenaient demi-grain d'acide carbonique
libre.

L'eau de chaux n'a rien produit.

La teinture de tournesol n'a pas été altérée.

Le sirop de violettes n'a pas été verdi.

L'acide oxalique a donné un précipité presque inappréciable.

Le sulfate de fer n'a pas été altéré.

L'eau de savon a blanchi l'eau sans donner de précipité.

Il résulte des effets de ces réactifs, que l'eau de Sainte - Magdelaine de Flourens contient, outre le fer, du gaz acide carbonique libre, des carbonates solubles, des muriates, de l'air atmosphérique ; elle est exempte de soufre, de carbonate de soude ; elle contient quelques sulfates, mais en très-petite quantité.

Ayant les données sur les principes qui constituent cette eau, il importe que je détermine dans quelles proportions ils s'y rencontrent.

Ne pouvant effectuer ce travail sur les lieux, je remplis moi-même une grande bouteille d'eau qui filtrait, ainsi que je l'ai déjà dit, à mesure qu'elle sortait de la source. Après l'avoir soigneusement bouchée et cachetée, je la fis transporter dans mon laboratoire, où l'eau fut dès son arrivée, soumise à l'évaporation.

Évaporation.

Vingt-sept livres d'eau, ancien petit poids, (l'once est de quatre cent quatre-vingts grains) ont été soumises à l'évaporation dans un vase convenable. Le thermomètre de Réaumur plongé dans la bassine, marquant trente degrés, il s'est dégagé un nombre de bulles considérables, qui se sont soutenues jusqu'à soixante - trois degrés ; (1) à ce point il ne s'est presque plus opéré de dégagement. Alors une pellicule s'est formée à soixante-seize degrés, un dégagement a eu lieu sur toute la surface du liquide ; l'ébullition n'était pas prononcée.

A soixante-dix-huit degrés l'ébullition a commencé ; une partie de la pellicule formée s'est attachée aux parois de la bassine, l'autre partie s'est précipitée. L'eau néanmoins est restée trouble.

La température a été constamment soutenue à ce degré, mais l'ébullition n'était pas sensible comme dans les premiers momens. (2)

---

(1) On doit remarquer que le dégagement des bulles a commencé à trente degrés et qu'il s'est constamment soutenu jusqu'au soixante-troisième degré, sans qu'il se soit opéré aucun précipité ; ce qui est une preuve non-équivoque de la présence de l'acide carbonique libre. Si au contraire cet acide eût été enlevé à la chaux, rendue soluble par la présence de cet acide, dès le dégagement des premières vapeurs, il y aurait eu précipitation de sous-carbonates, parce que le carbonate calcaire n'est soluble que lorsqu'il est composé de 100 de chaux et de 150 , 6, d'acide carbonique. La moindre soustraction du gaz fait précipiter la base calcaire.

(2) Rien ne prouve mieux la présence d'un corps gazeux, que l'ébullition d'un liquide qui n'est pas à quatre-vingts degrés. L'eau minérale que je vais soumettre à l'analise, en offre un exemple, puisqu'elle a bouilli pendant quelques momens au

Après cinq minutes d'ébullition, il s'est précipité un dépôt considérable, qui a procuré l'éclaircissement de l'eau ; un instant après, elle s'est troublée de nouveau, et les corps interposés se sont précipités ; cet effet s'est renouvellé plusieurs fois jusqu'à parfaite évaporation. Vers la fin, la température n'a été élevée qu'au soixante-douzième degré.

. L'évaporation terminée, j'ai eu pour résultat cent douze grains de masse, après avoir bien lavé à l'eau et à l'alkool, l'intérieur de la bassine, où il n'est pas resté une perte considérable.

Traitement du résidu par l'alkool.

Les cent-douze grains de matière obtenue par l'évaporation des vingt-sept livres d'eau, ont été pulvérisés et exposés à l'influence de l'atmosphère, pendant vingt-quatre heures. Leur poids avait augmenté de quatre grains. Pour ne pas affaiblir l'esprit de vin, j'ai de nouveau desséché et pulvérisé le résidu ; huit onces d'alkool bouillant, à trente-huit degrés, ont été versées sur cette poudre. Après vingt-quatre heures de macération, j'ai lavé un filtre à l'alkool, je l'ai fait sécher et je l'ai pesé ; j'ai filtré l'alkool. Le résidu séché et pesé,

---

soixante-seizième degré, tandis qu'après le dégagement du gaz et de l'air atmosphérique, elle n'a nullement été agitée par le calorique, quoique la température fût la même.

s'est trouvé réduit à quatre-vingt-deux grains ; le liquide évaporé a laissé un résidu de trente grains. A mesure que la liqueur se concentrait, il se fixait autour de la capsule un enduit luisant d'une couleur très-foncée ; l'alkool était néanmoins coloré. Vers la fin de l'évaporation, il s'est formé une cristallisation très-prononcée, en cubes d'une grosseur ordinaire, commune au sel marin. L'eau mère était assez considérable ; à l'aide de la chaleur, j'ai évaporé toute l'humidité. Ce sel ainsi desséché, exposé pendant vingt-quatre heures à l'influence de l'atmosphère, en a absorbé assez d'humidité pour mouiller les cristaux qui ont néanmoins conservé leur forme : leur couleur brune, ainsi que celle de l'eau mère, et l'enduit noirâtre qui s'était attaché aux parois de la capsule, m'ont engagé à ajouter de l'eau à la masse cristalline, afin d'en dissoudre tous les sels ; par ce moyen j'ai isolé l'enduit attaché aux parois du vase, il pesait deux grains ; l'eau froide ni l'eau chaude n'en ont rien soustrait. Les acides affaiblis ont été sans action, l'alkool n'a presque pas eu d'action, l'éther l'a dissous. J'en ai soumis une partie à l'action du sous carbonate de potasse, qui l'a dissous parfaitement. Tous ces résultats m'ont prouvé que ce corps est une matière grasse ; incinérée sur des charbons ardens, elle a donné l'odeur du cuir brûlé.

Les cristaux dissous, dont le poids était de vingt-huit grains, out été soumis à une évaporation spontanée ; la cristallisation a été très-belle, sa saveur et la forme des cristaux étaient si prononcées, que j'ai cru pouvoir me dispenser d'en faire l'analise précise. Ces cristaux jetés sur un charbon ardent, ont décrépité. Sachant, par la nature des réactifs que j'avais employés sur la solution cristalline, que je ne devais trouver que des muriates, je ne me suis occupé que de séparer les cristaux cubiques de leur eau mère qui devait contenir quelque sel déliquescent. Ces cristaux lavés légèrement, dissous et cristallisés de nouveau, ont pesé dix-huit grains et demi ; l'eau mère (1) réunie à l'eau de lavage, était fort colorée ; elle avait un goût amer. Après l'avoir filtrée, j'ai fait évaporer le liquide à la chaleur du soleil, ce qui s'est opéré dans vingt-quatre heures ; je n'ai obtenu qu'une masse informe.

L'action du nitrate de mercure et du nitrate d'argent, m'ayant donné la conviction que j'y trouverais des muriates, lorsque le muriate et le nitrate de barithe m'avaient prouvé que je ne devais pas obtenir de sulfates, j'ai dû chercher

(1) Le muriate de soude n'étant cristallisable que par l'évaporation que j'ai poussée assez loin, je ne devais pas craindre de trouver dans l'eau mère, du muriate de soude. Le résultat m'a confirmé dans mon idée.

à connaître les muriates formant cette masse saline. Ayant obtenu dix-huit grains et demi de muriate de soude, et sachant que ce sel est souvent accompagné de muriates de chaux et de magnésie, j'ai d'abord traité une partie du sel obtenu, après l'avoir dissous dans l'eau, par l'acide oxalique qui n'a produit aucun changement dans la liqueur. (1) Le goût amer du liquide m'a presque donné la certitude que je ne trouverais que du muriate de magnésie (l'acide oxalique n'ayant rien précipité). Pour m'en assurer, j'ai versé le liquide (moitié de celui que j'avais) dans un flacon que j'ai fermé avec un bouchon garni d'un tube capillaire ; j'ai versé dans le flacon quelques gouttes d'acide sulfurique concentré, je l'ai bouché tout aussitôt ; j'ai présenté à la partie supérieure du tube un flacon contenant de l'ammoniaque ; instantanément des vapeurs blanches se sont formées ; cet effet opéré, j'ai ajouté peu à peu de l'acide sulfurique jusqu'à cessation de dégagement. (2)

J'ai fait évaporer et j'ai obtenu une cristal-

---

(1) Plusieurs mélanges de muriate de chaux et de muriate de magnésie, faits dans diverses proportions, où j'ai fait dominer, dans les uns le muriate de chaux, dans les autres le muriate de magnésie, ont donné constamment un précipité très-sensible par l'acide oxalique ; ces deux muriates ont été préparés séparément et de toute pièce.

(2) L'action de l'acide sulfurique a été aidée par la chaleur.

lisation

lisation très-prononcée en prismes quadrangu-
laires , le microscope les a présentés parfaitement
formés : ces cristaux sont tombés en efflorescence.
Pour m'assurer positivement de la nature de la
base de ce sel , je l'ai précipitée par le carbonate
de soude qui m'a donné du carbonate de magnésie pesant , après l'avoir lavé et séché , deux
grains et demi. N'ayant soumis à l'expérience
que moitié du sel, j'ai donc trouvé dans les sels
que l'alkool a dissous, cinq grains de muriate de
magnésie. Par l'évaporation de l'eau d'où j'avais
précipité le carbonate de magnésie , j'ai obtenu
un grain de matière extractive qui doit représen-
ter deux grains, l'opération n'ayant également eu
lieu que sur la moitié du sel.

Le lavage à l'alkool a donc produit :

	Grains.
Muriate de soude	18 1/2.
Muriate de magnésie	5 1/2.
Matière colorante extractive . .	2.
Matière grasse	2.
Perte occasionnée par les filtres.	2.
	30.

Analise des sels obtenus par le lavage à l'eau froide.

L'alkool ayant soustrait trente grains au résidu dont je viens de parler, ce qui l'avait réduit au poids de quatre-vingt-deux grains, je l'ai mis en macération pendant quarante-huit heures, dans une livre d'eau distillée froide ; on a eu le soin de triturer de temps en temps ce mélange. Au bout de ce temps, le liquide a été filtré ; il était légère-ment coloré, presque insipide. L'évaporation de la majeure partie du vehicule opérée, j'ai obtenu un résidu jaunâtre n'ayant que la densité de l'eau ; livré à une évaporation spontanée, j'ai obtenu un sel dont la cristallisation ne pou-vait être déterminée ; le microscope n'a pu bien me faire distinguer qu'une masse confuse ; j'ai aperçu cependant quelques poins brillans, ce qui m'a fait espérer qu'avec quelques soins, j'ob-tiendrais un sel dont je pourrais déterminer la forme. Après avoir sorti cette masse saline de la capsule, je l'ai pesée ; son poids était de onze grains. Sa saveur saline et amère sans être stipti-que, m'a fait soupçonner que j'y trouverais du muriate ou du sulfate de magnésie. Pour m'en assurer, j'ai lavé ce sel avec de l'al-kool rectifié que j'ai filtré. Le résidu qu'a laissé l'alkool, pesait dix grains. L'alkool avait donc dissous un grain de sel ; je l'ai étendu dans un gros d'eau. Une partie de cette liqueur traitée par l'acide oxalique et l'oxalate d'ammoniaque n'a donné aucun précipité , pas même après vingt-quatre heures d'action. Le nitrate et le muriate de barithe n'ont produit aucun effet ; le nitrate d'argent a produit un précipité instantané, soluble dans l'ammoniaque ; le nitrate de mercure a produit un précipité soluble dans l'acide nitrique. Nul doute que le grain de sel obtenu par l'alkool ne fût un muriate. Le reste de l'alkool aqueux que j'avais gardé séparément , a été évaporé ; j'ai obtenu un fort petit résidu incristallisable. Sa saveur amère , sa propriété d'attirer l'humidité de l'air , m'ont assuré que ce sel était un muriate de magnésie. (1) L'eau froide avait donc soustrait au résidu qu'avait laissé le lavage à l'alkool , un grain de muriate de magnésie. (2) Les dix grains de résidu laissés par l'alkool ont été dissous

---

(1) Je viens de dire plus haut que l'acide oxalique et l'oxalate d'ammoniaque n'avaient pas découvert la chaux.

(2) J'ai été étonné de trouver du muriate de magnésie dans une substance qui avait été soumise à l'action de l'alkool ; quelque étonnant que paraisse ce résultat , il n'est pas moins exact. Je suppose que ce sel était enchaîné par la matière colorante. Ce n'est pas la première fois qu'on voit des sels refuser de se dissoudre dans un premier dissolvant , et être dissous par un autre. Ce n'est pas que le muriate de magnésie ne soit soluble dans l'eau , mais comme il est aussi soluble dans l'alkool , celui-ci aurait dû le retenir.

dans de l'eau distillée qui en a retenu la totalité ;
la solution était jaune. Le muriate de barithe a
produit un précipité blanc très-abondant ;
l'acide oxalique et l'oxalate d'ammoniaque, n'ont
rien opéré. Pour m'assurer si ce sel était un
sulfate de magnésie ou un sulfate de soude, j'ai
traité la liqueur par une solution de carbonate
de soude. J'ai fait chauffer ; je n'ai obtenu aucun
nuage blanc, avant ni après l'ébullition. Étant
sûr que le sel dont je cherchais à connaître la
nature, était un sulfate, j'ai pensé que je trouverais un sulfate de soude ; pour m'en assurer,
voici les expériences comparatives que j'ai faites.

J'ai versé dans un flacon une solution de
sulfate de chaux (avec un léger excès d'acide) ;
dans un second, j'ai versé une solution de sulfate
de magnésie ; dans un troisième, une solution
de sulfate de soude ; (1) dans un quatrième
enfin, une partie de la solution saline que j'avais
obtenue et dont j'ignorais la nature : dans cha-
cun j'ai versé une solution de carbonate de
soude. Le premier, contenant le sulfate de chaux,
a donné un abondant précipité ; le second, contenant le sulfate de magnésie, en a donné un
moins abondant, mais très-sensible ; le troisième,
contenant le sulfate de soude, n'a rien produit ;

---

(1) Ces trois sulfates ont été préparés de toutes pièces ; j'étais
donc sûr de leur nature.

le quatrième , contenant la solution saline , n'a également rien produit. Cette solution saline fractionnée en deux parties, j'ai ajouté dans l'une quelques gouttes d'eau de chaux et dans l'autre quelques gouttes de sulfate de magnésie ; j'ai obtenu de part et d'autre un précipité. (1) La solution saline que je cherchais à analiser , se comportant avec les réactifs , comme la dernière que j'avais formée de toute pièce , j'ai dû conclure avec confiance que les dix grains de sel que j'avais dissous, étaient du sulfate de soude. La cristallisation et l'efflorescence des cristaux , ainsi que leur goût , m'en ont donné la certitude. (2) La solution de ce sel était brune avant de cristalliser ; par la réunion régulière des molécules salines , il s'est déposé sur les parois de la capsule une matière brune qui avait restée long-temps suspendue dans la solution , en forme de flocons jaunâtres. Cette matière extractive , colorante , réunie et séchée , a pesé deux grains.

---

(1) S'il s'était trouvé dans la solution , contenant dix grains de matière saline , un sulfate de chaux ou de magnésie , j'aurais dû obtenir le même effet que celui que j'ai obtenu en y ajoutant ces sels volontairement.

(2) De tous les principes que j'ai obtenus de l'eau minérale, il n'en a été soumis que la moitié à l'action des réactifs ; la partie restante a toujours été soumise à la cristallisation , lorsque c'étaient des matières salines ; l'autre a été traitée par les acides pour en former des sels.

Les corps que l'eau froide avait dissous, sont ceux qui suivent :

	Grains.
Muriate de magnésie	1.
Sulfate de soude	7.
Matière colorante	2.
Perte retenue par les filtres . . .	1.
	11.

Traitement des sels extraits par l'eau bouillante.

La quantité de sel extrait par douze onces de ce véhicule, pesait sept grains et un quart. Je crois devoir observer que l'eau a agi pendant vingt-quatre heures ; après ce terme, le liquide a été filtré et évaporé. Les sels ont été dissous dans de l'eau chaude ; elle en a retenu une partie ; cette eau essayée par le muriate et le nitrate de barithe, j'ai eu la preuve que ce sel était un sulfate, (1) et le précipité obtenu par l'acide oxalique et l'oxalate d'ammoniaque, m'a convaincu que la base de ce sulfate était la chaux. (2) Ce que l'eau avait laissé de sept

_____

(1) Le précipité que ces deux sels ont donné, n'a pu se dissoudre dans un excès d'acide.

(2) Ce ne pouvait être un autre sulfate, l'eau froide l'aurait retenu.

grains et un quart , ne pesant que deux grains
trois quarts , je puis assurer que le sulfate de
chaux dissous dans l'eau distillée tiède , est du
poids de quatre grains et demi. Il me restait
deux grains trois quarts de poudre à analiser ;
elle était jaunâtre et très-divisée ; traitée par
l'acide sulfurique , il s'est manifesté une effervescence considérable ; toute la poudre s'est dissoute
dans cet acide , sans laisser le moindre résidu.
La solution de ce précipité dans l'acide , a été
étendue d'eau : dans une partie de cette eau ,
contenant le sulfate que je venais de former ,
j'ai versé une solution de carbonate de soude ;
j'ai filtré et fait chauffer ; j'ai aperçu un
nuage blanc qui s'est redissous quelques momens après ; l'ammoniaque a produit le même
effet. Nul doute que ce précipité dissous dans l'a-
cide sulfurique , pesant deux grains trois quarts ,
ne fût du carbonate de magnésie , sali par quelques atomes de carbonate de fer. (1) L'oxalate
d'ammoniaque et l'acide oxalique m'ont prouvé
qu'il n'y avait nullement de chaux ; je puis donc
conclure que l'eau bouillante a dissous :

----

(1) Les prussiates m'en ont donné la certitude.

Sulfate calcaire . . . . 4 1/2.
Carbonate de magnésie . . . . . 2 1/4.
Perte . . . . 1/2.

7 1/4.

Traitement du résidu précédent par divers agens chimiques.

Le Résidu de l'évaporation, pesant cent douze grains, réduit par l'action de l'alkool, de l'eau froide, de l'eau bouillante et les pertes, à soixante grains trois quarts, a été traité par l'acide muriatique en excès. Une effervescence a eu lieu ; après la cessation du dégagement, j'ai étendu d'eau la liqueur acide. J'ai fait chauffer et laissé refroidir ; j'ai filtré ; le précipité a été lavé ; après avoir été séché, il a donné un poids de cinq grains. Les chimistes s'apercevront facilement que l'acide muriatique versé sur le résidu de tous les lavages, a dû dissoudre tous les carbonates et sous-carbonates ; il n'a dû rester sur le filtre que de la silice, du sulfate calcaire et des matières colorantes ou étrangères, insolubles dans l'acide muriatique. Les expériences que j'ai faites dans l'intention de connaître la nature de ce précipité, m'ont convaincu qu'il n'était composé que de silice et de matières colorantes et étrangères, mais point de sulfate calcaire ; voici comment j'ai procédé.

J'ai d'abord traité ce précipité pesant cinq grains, par un excès de sous-carbonate de potasse. Après avoir été soumis à l'action de la chaleur, (2) ce mélange a été lavé et soumis à l'action de l'acide muriatique ; il n'y a pas eu d'effervescence. Dès-lors j'ai pensé que ce précipité était de la silice pure mêlée à une matière étrangère. Quoique persuadé de ce fait, j'ai voulu néanmoins m'en assurer.

Dès lors, j'ai étendu d'eau l'acide muriatique qui se trouvait en mélange avec le précipité ; j'ai versé une solution de carbonate de soude, il ne s'est opéré par l'effet de ce réactif, aucun précipité. J'ai acquis par-là, la certitude que je ne trouverais pas de sulfate mêlé à la silice. Le précipité dont je m'occupe, mêlé à l'acide muriatique et au carbonate de soude qui avait

---

(1) Si ce résidu eût contenu du sulfate calcaire, par l'action du carbonate de potasse, favorisée par la chaleur, j'aurais formé un carbonate de chaux, si le sulfate eût existé en effet. Par l'addition de l'acide muriatique, j'aurais obtenu un muriate calcaire très-soluble qui, par l'addition du carbonate de soude, serait changé en carbonate insoluble, et le carbonate de soude en muriate soluble. J'insiste à prouver que l'eau minérale de Sainte-Magdelaine de Flourens ne contient nullement ou presque point de sulfate calcaire (ou sélénite). Tout le monde sait que la sélénite, qui est le sel qui abonde particulièrement dans l'eau du plus grand nombre des puits, rend cette eau impotable et même malfaisante.

formé un muriate, a été jeté sur un filtre ; après plusieurs lotions , il a été séché et calciné dans un creuset de platine : la partie colorante insoluble et sans doute quelques filamens des filtres , dont je m'étais servi dans le cours de l'analise , ont été détruis. Il m'est resté un corps blanc , pesant deux grains. Je puis assurer que le résidu laissé , après l'action de l'acide muriatique , sur le résidu des lavages alkoolique et aqueux , est composé ainsi qu'il suit :

	Grains.
Silice	2.
Matières colorantes étrangères .	2.
Perte	1.
	5.

Traitement des sels qu'a dissous l'acide muriatique par son action sur le résidu des lavages alkoolique et aqueux.

Le résidu pesant soixante grains trois quarts , ayant perdu cinq grains , que l'acide muriatique n'a pu dissoudre , celui-ci a dû nécessairement retenir cinquante-cinq grains trois quarts de substances salines , parmi lesquelles je devais trouver le fer. Pour l'extraire , voici comment j'ai traité la dissolution muriatique avec excès d'a-

cide. (1) Je l'ai saturée d'ammoniaque pour former un muriate d'ammoniaque aux dépens de
l'acide muriatique combiné avec le fer ; un précipité abondant s'est opéré instantanément.
Douze heures après , j'ai filtré la liqueur dans
laquelle était ce précipité ; je l'ai lavé à grande
eau et fait sécher. J'ai trouvé sur le filtre
une poudre brune pesant vingt grains , y com-
pris ce que le filtre a pu garder. (2) Cette poudre
(le fer) a été soumise à l'action de l'acide sulfurique ; jai obtenu de très-beaux cristaux de sulfate de fer. Je me suis assuré de son existence
par les réactifs. (*Voyez examen de l'eau par les
réactifs.*)

  J'ai versé dans la liqueur d'où je venais d'extraire le fer par l'addition de l'ammoniaque , une
solution de carbonate de soude très-concentrée : il
s'est opéré un précipité très-abondant d'un blanc
éclatant. La solution alkaline a été ajoutée jusqu'à ce qu'il ne s'est plus manifesté de précipité ;
alors j'ai filtré , lavé et fait sécher. Cherchant à
connaître la nature de ce précipité , qui pesait
trente-cinq grains trois quarts , et que je savais
être des carbonates formés par l'acide du sous-
carbonate de soude ; je l'ai traité par l'acide sul-

---

(1) Quoique l'acide fût en excès , j'en ai néanmoins augmenté la dose au point de la rendre très-sensible.

(2) Le filtre avait été lavé , séché et pesé , il m'a donc été facile
de connaître ce qu'il avait retenu.

furique très-étendu, jusqu'à ce qu'il ne s'est plus manifesté d'effervescence ; alors j'ai filtré.

La liqueur n'a pas rougi le sirop de violettes, le résidu resté sur le filtre ne l'a pas verdi. (1) Je me suis assuré par-là que j'avais opéré exactement la séparation des deux sous-carbonates. Celui resté sur le filtre, qui s'est trouvé changé en sul-fate, était du carbonate de chaux, (ce sulfate a été traité comme le résidu où j'ai trouvé la silice, *voyez page 25, à la note*, et où je soupçon-nais du sulfate calcaire) ; j'ai acquis la certitude que le précipité obtenu par la solution de sous-carbonate de soude, était composé de vingt-huit grains un quart de carbonate calcaire.

Le sulfate soluble qui avait été séparé par la filtration du sulfate calcaire, a été soumis à l'air atmosphérique, afin de procéder à l'évapo-ration du liquide et obtenir un sel cristallisé. Trente-six heures après son exposition à l'air, il s'est formé des cristaux en prismes quadran-gulaires d'une saveur amère très-prononcée. Exposés quelque temps à l'air, ils sont tombés

---

(1) Si le sirop eût été rougi par l'acide, j'aurois nécessairement dissous un peu de chaux, si je n'avais pas mis assez d'acide il serait resté dans le précipité trouvé sur le filtre, du sous-carbonate de magnésie. Ces deux résultats m'auraient mis dans l'impossi-bilité d'apprécier les justes proportions des carbonates consti-tuant le précipité dont je m'occupe, à moins de les traiter par d'autres agens chimiques.

en efflorescence. J'ai cru devoir penser par ces propriétés, que le sel obtenu était du sulfate de magnésie provenant du carbonate que j'avais obtenu par l'action du sous-carbonate de soude ; voulant en avoir la conviction, j'ai fait dissoudre une partie de ce sel dans de l'eau distillée ; je l'ai traitée par le carbonate de soude, il a produit par l'action de la chaleur, un nuage très-divisé, qui s'est redissous par le refroidissement et qui ne m'a pas laissé douter que les sept grains et demi de matière dissoute par l'acide sulfurique, ne fussent du sous-carbonate de magnésie ; mais ayant trouvé dans les eaux de lavages et dans l'eau mère une substance brune, floconneuse, pesant trois quarts de grains, et le filtre ayant augmenté d'un grain de poids, je dois conclure que ce dernier résidu est composé de :

Grains.

Sous-carbonate de fer	20.	
Sous-carbonate de chaux . . .	28	1/4.
Sous-carbonate de magnésie .	5	3/4.
Matière brune		3/4.
Perte	1.	
	55	3/4.

Les vingt-sept livres d'eau soumises à l'analise ont donné trois grains d'acide carbonique libre

et cent-douze grains de résidu contenant ce qui
suit : (1)

	Grains.	Grammes.
Sous-carbonate de chaux . .	28 1/4	1,497.
Sous-carbonate de fer	20	1,060.
Muriate de soude	18 1/2	980.
Sous-carbonate de magnésie .	8	424.
Sulfate de soude	7	371.
Matières colorantes extrac- tives et étrangères . . .	6 3/4	358.
Muriate de magnésie	6 1/2	345.
Sulfate calcaire	4 1/2	238.
Matière grasse	2	106.
Silice	2	106.
Pertes	8 1/2	451.
	112	5,936.

*Il résulte de la nature des divers corps
désignés ci-dessus , que l'eau de la fontaine
de Sainte-Magdelaine de Flourens doit jouir
des vertus médicinales propres aux eaux
ferrugineuses connues jusqu'à ce jour.*

(1) Voyez page 9, note 3. Le demi grain d'acide carbonique libre, est le produit de quatre livres métriques d'eau
minérale , sur lesquelles j'ai opéré , et non celui de deux
livres, comme je le dis au bas de la susdite note , page 10.

Le seul dépôt de l'eau minérale de Sainte-Magdelaine de Flourens est établi chez moi, rue de la Pomme, n.º 12. Elle est conservée dans des vases de grès avec les précautions convenables. (1)

Les eaux de Bonnes, de Baréges, de Cauterets, d'Andabre, de Capvert, de Balaruc, de Cransac, de Seltz et autres, faisant partie de mon dépôt général, sont parfaitement soignées. Rien n'est négligé pour conserver les propriétés naturelles de ces eaux.

(1) Voyez page 7, note première.

F I N.

www.ingramcontent.com/pod-product-compliance
Lightning Source LLC
Chambersburg PA
CBHW070750210326
41520CB00016B/4656